U0064712

布娃娃的呢喃

李淑秀

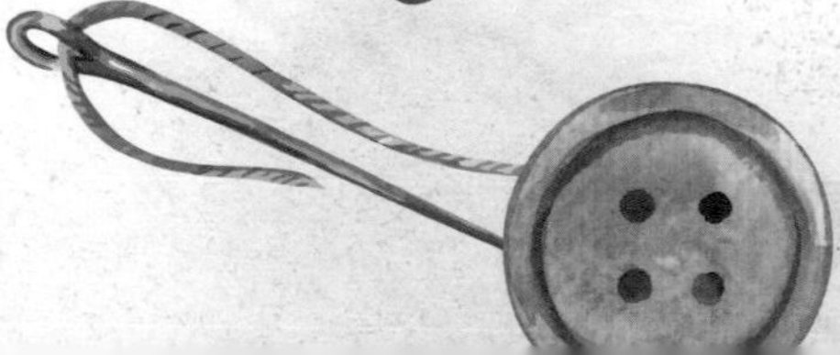

序

與針線結緣是 2002 年的事，一羣可愛的小娃娃無意間闖進我的生命中，她們徹底改變了我的後半段人生。

從此我展開了一段長長的摸索、那關不住的意念如排山倒海而來、任由想像自由飛翔、瘋狂忘我的歲月一直持續至今。

18 年來孤獨創作、自行摸索工法，鑽研如何巧妙的組合布與棉花，頭部的製作、表情的拿捏尤其困難，其中歷經無數的失敗、挫折、仍然尋尋覓覓地堅信一定可以縫出我要的獨一無二的東西，每一個小小的突破都讓我雀躍不已。

從發想、構圖、選擇材質到製作完成，像孕育一個生命，有滿滿的期待。每一個作品就是一個故事、一個世界，幾乎能感受到她們的情緒跟生命力。

童年的回憶是我創作的重要元素，重拾失落的童心、盡情享受兒時片斷的幸福溫暖快意，於是淨潔、無邪又惹人憐愛的娃娃一隻隻在我腦海浮現、一個個在作品中呈現。

布娃娃純真可愛，親友們看得著迷，他們說欣賞這些娃娃有減壓、療癒的效果；他們看不懂名家名畫，卻看得懂這些小娃娃，建議我公開展示。創作第八年於中壢藝術館的首展深獲好評，來自各界的迴響鼓舞了我更加積極努力。

2019 年 12 月我終於下定決心出書，要說出想說的話，再一次以文字圖片描繪過去繽紛美麗的童真、也藉此探索自己的心靈深處。

娃娃讓我把瞳孔縮小、把我的世界變得安靜，相信每一顆渴望平靜的心都想聽見天使的聲音。小娃娃用最安息無聲的語言，為我示範了沒有憂慮的境界、並提醒我在忙碌的日子裡，記得以笑容看待每一件事。

娃娃豐富了我的人生、也為我留下點點滴滴燦爛的生命紀錄。

童/年/的/回/憶

遇見40年前的自己 --- 兒時記憶鎖住人生故事

2002年老天送給我這平凡的女人一個珍貴的禮物，祂要我閉上眼睛用回憶、用巧思慢慢打開最深沉的自我。

從發現娃娃、摸索、到隨心所欲、欲罷不能，原來它的來訪不是偶然，原本就已存在了，只是我忘了她。

40年前的小女孩用一樣的熱情與執著做同樣的事，當時光倒退、兒時情景一幕幕湧現時，我恍然大悟娃娃不是巧遇，僅是再啟按了暫停的兒時夢，娃娃的創作如一把開啟所有童年回憶的鑰匙。

童年樸實且純真的生活回憶是我創作的養分，在我小小的內心世界裡總有翩翩飛舞的蝴蝶，花間籬下用泥巴石塊堆疊成的「作品」儘管隨歲月而遺忘，那心靈深處最初始的溫柔卻永遠陪伴著我，一點一滴注入我的童話世界、染整我夢裡的鄉愁。

每一個小小的回憶都像是一朵小花，綻放在人生的花園裡，不管是什麼作品，想表現的只有一個純真，所有的思緒都在這裡單純。時光匆匆、歲月如梭，如何解釋童年與此刻的距離？如何整理過去的每件回憶？千萬光年僅如流星殞落的瞬間、就讓回憶來描繪漸行漸遠、越來越模糊的童年吧！

讓時間失去意義吧！

如果有時光機可讓時間往前，倒退，暫停……

我要跟我心中的小女孩對話

我/心中的小女孩

妳在做什麼？

我在做妳做過的事啊！

嘩！做娃娃嗎？

沒錯！有趣極了！每天都好開心！

好羨慕妳啊！老爸總會對我說：去唸書吧！

要是我長大了該有多好，愛做多少就做多少

嗯！我記得妳的作品的悲慘命運

每當爸媽清理現場時，我可憐的娃娃全部都會被處理掉！

他們認為那是不該存在的東西

後來我找到了一個可隱藏作品的地方

一個蘆葦長得又高又大又密很難被發現的地方

嗯！記得妳的工作坊是一個人進去要深深地吸一口氣的防空洞

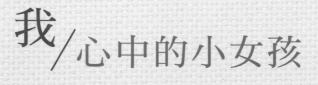

空氣中會傳來花的清香、青草夾雜著泥土的氣味

蝴蝶、蜻蜓、小金龜都會來串門子

還有坐在籬笆上的貓、風吹的蘆花不停的對著妳的作品搖頭、點頭

泥娃娃期待著我給她編花冠，常把她們想像成有生命靈魂，花草樹葉

都是做娃娃的材料，還有住在大榕樹上的小鳥曾經送了我一隻羽毛、

我把它作成頭飾給我的印地安娃娃戴上…

這絕佳的秘密基地可惜只有我們兩個人知道

不！還有一個討厭的傢伙知道。

妳是說提里？

嗯！牠常一陣風似的衝進來把我的展場弄得亂七八糟，最生氣的是牠

把這裡當廁所。

噢！真糟糕！妳有表達妳的不滿嗎？

有啊！我會追牠、拿手上的東西扔牠喊著：壞蛋！看鏢！

妳不是說提里很乖，要給牠表揚發獎狀？

關係惡化了！我把我對牠的稱讚通通丟到垃圾桶裏了。

牠不該這樣、實在應該檢討自己。

不知道怎麼告訴妳在這裡我有多快樂，心是飛揚的，

看天空雲朵的變化也有無限想像，

他們有種不尋常、令我迷糊 、又吸引我的地方。

妳說過它們可以是怪物、可以是小羊、也可以是棉花糖！

忘了問候妳好嗎？

我很好！但我住在一個摸不到泥土的地方、我們也不會抬頭看白雲

好慘啊！那多無聊，妳那裡的天使是否也在天空中忙碌的飛翔？
或許有吧！我常常忘了祂的存在，謝謝妳讓我想起了祂。

告訴我大人的世界是怎麼樣？我光著腳丫玩著又舊又破的玩具啊！
怎麼我覺得我擁有整個世界
大人的世界好寬好廣，內心深處卻好窄好窄不如妳快樂，
美麗的鑽石比不過一閃一閃像星星的螢火蟲呢！
喝一杯黑松汽水、玩一場躲貓貓！期待下雨可以穿新雨鞋..我都覺得很快樂。
快樂是期待、是滿足，什麼都有的快樂就不快樂了

如果妳想念我，請記得來找我，
這裏的天大到無法畫框、妳一定會喜歡的，我在那棵老榕樹下等妳
謝謝妳的邀約，今晚我將帶著微笑進入甜甜的夢鄉拜訪妳的工作坊、再看看妳圍牆上的塗鴉、再走一次那條彎曲的田埂路！

但請妳放輕腳步！別驚醒了我的娃娃，夜晚的娃娃也在睡夢中呢！
謝謝妳的提醒，我一定會放輕腳步，來去無蹤。

我的展場除了娃娃還有鳳凰花做成的蝴蝶、
喇叭花降落傘、竹蜻蜓呢！
我等妳喔！

我會努力呼吸、一定要記得泥土的味道及所有一草一木的芬芳，親愛的！
我看到天使在天空中飛翔了呢！謝謝妳一直陪伴著我，愛妳喔！

作者
Craftsman

李淑秀

臺灣省桃園人、1953 年生

學歷：臺灣國立藝術專科學校美術科

經歷：東亞通信公司秘書 13 年

自創手工布娃娃年資：18 年

2002 年開始研究布娃娃

2010 年中壢藝術館首度作品發表

2010 年 10 月國父紀念館針線情娃娃心手工布娃娃個展

2011 年 10 月新竹縣文化局手工布娃娃個展

2015 年 10 月人間衛視創意多腦河黃子佼專訪

2015 年 10 月中正紀念堂志清廳童言童語手工布娃娃個展

2018 年總統府幸福共好特展

2019 年 4 月華山文創海峽工藝精品展

2020 年機場第二航廈作品展

2020 年 5 月 TVBS 潮文藝專訪

2020 年 7 月中國廣播公司吳若權專訪

布娃娃的呢喃

Sewing is loving

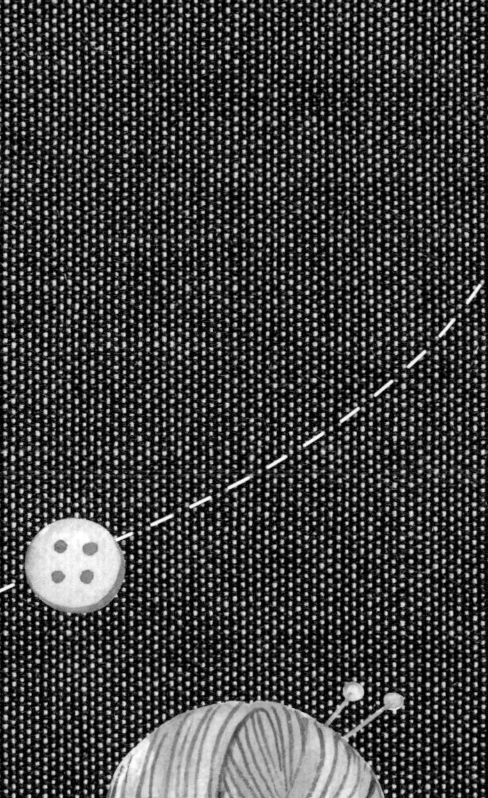

我們會在樹底下玩耍嬉戲

尤其是夏天的晚上

我們會鋪草席乘涼、聽大人講話，聽著聽著就睡著了

還喜歡玩老師學生的遊戲，拿樹枝當指揮棒一起唱兒歌

瞧！我把小時候樹底下的音樂會搬到了樹上了

合唱團團員多了我想像的烏鴉、排排站的小鳥

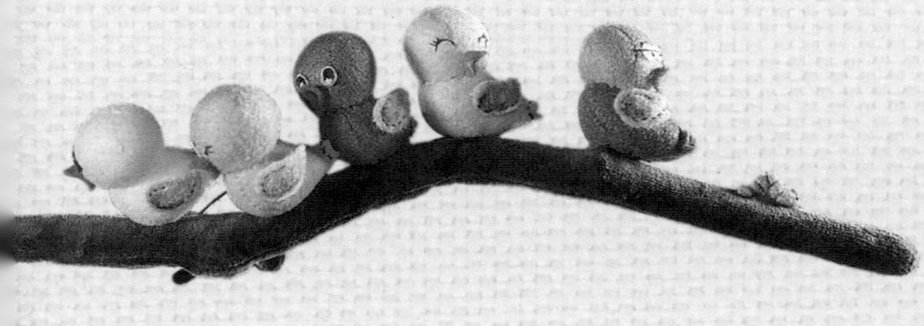

有一隻小鳥不專心

因為看到了美食…

童年的回憶中
我家門前的大榕樹
扮演了很重要的角色

小時候
只是覺得大樹很好玩
年紀大了才了解跟大樹的感情是
爺爺跟孫子的感情

大樹 90×90×200

古厝（老媽媽協助完成）

我有一個在當年算是
很反骨、不按牌理的媽媽

她會把饅頭做成兔子、小雞形狀
用豆子串成項鍊蒸熟後
一人一串發給我們吃

人臉便當
打開時總惹得同學哈哈大笑
兩條四季豆是眉毛
三角形油豆腐是嘴巴⋯

古厝 62×81×52

女孩與花 46×36×38

有一個人

妳不管怎麼番，妳只要不預期地做一件很「乖」的事

比方：送她一朵小花，她就會開心得不得了

頓時掉入了溫柔的陷阱

她的名字叫媽媽

有一個人

會嚴重的警告妳，不會走路就想飛？

又還會說：從小就要有遠大的夢想

（當然不會在同一時間講）

他的名字叫爸爸

提里

我們家的大黃狗

深得爸媽的信任

牠應該是一隻牧羊犬偽裝的

是爸媽的間諜

牠可以馬上找到

分散各處不想中止遊戲的孩子們

圍起來趕回家

一併處理

小婦人 82×70×38

家裏養的鵝每一隻都很驕傲

千萬別惹牠生氣，好兇！

想施咒把它定住

也曾想過給牠的眼睛擦上萬金油

一直沒能下手

女孩與鵝 34×22×48

阿嬤的
花白髮髻有苦茶油的幽香
是我們始終 眷戀的記憶
温柔慈祥任由我們圍繞她撒野、調皮從不生氣
唯一生氣的一次 是爸爸生病時
我把大門上刻有爸爸名字的門牌
取下來扮家家酒、學大人祭拜

阿嬤的味道 53×31×38

最開心陪阿嬤到戲院

看歌仔戲

那一天是大結局

媽媽卻不准我去

我長大了要當阿嬤

愛看多少就看多少

歌仔戲 26×16×44

但為什麼
每當牠學我說話時……
我有種被尊重的感覺

為什麼大人說
小孩子有耳朵沒嘴巴不能學話、插嘴？

為什麼
小孩子不能常問為什麼？

為什麼
九官鳥常常學話、插嘴都被誇獎？

九官鳥與我 28×20×54

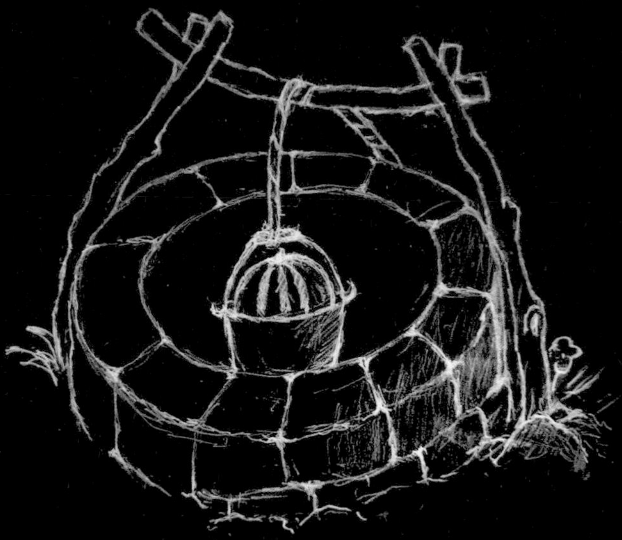

我家有只 水井牌大冰箱 —

夏天爸爸會把西瓜放在桶裡、繫上繩索沉入井中

期待天色快黑、晚餐時間快到！

哇！撈起了！撈起了！

冰冰涼涼的西瓜啊！

香甜可口！人間美味！

西瓜！西瓜！我愛你！

西瓜籽不要吞啊！會發芽開花喔！

明年會在肚子裡長出一顆大西瓜喔！

真的！

不騙你！

西瓜！西瓜！我愛你！ 34×22×38

親愛的大同電扇

在您還沒來的時候

我們睡前都輪流搧扇子

後來姐姐叫我先輪

且要輪15年，以後再換她

後來您來了…

我不知道要怎麼表達我對您的敬意。

1960年7月秀

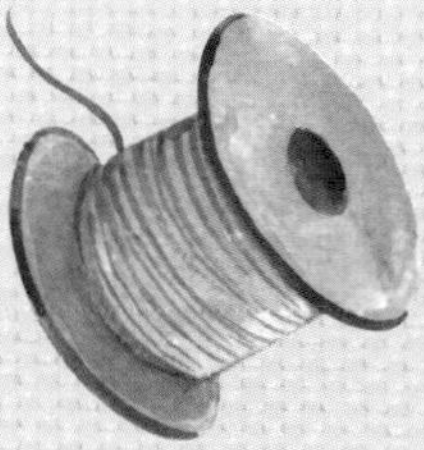

親愛的大同電扇 32×45×31

那時

妳還是一個蛋

妹妹是石頭蹦出來的……

蛋 26×26×34

以上是大姐告訴我們的創世紀

沒什麼亞當夏娃，沒……

因為

那時的大姐在讀小學

是有受教育的

所以不必懷疑。

那一年的冬天好冷
因不穿厚厚的外套哭著不上學
爸爸板著臉、幼稚園老師來勸
唉呀！
我不知道要怎麼表達那件外套
袖口實在太緊了
就這麼難受的穿了一季
我期待那件外套消失掉
給稻草人穿也好
最好讓野貓叼去做窩
越遠越好！

稻草人 29×24×71

美呆了 33×46×50

喜歡偷偷地上髮捲

喜歡偷偷地抹粉

喜歡偷偷地擦口紅

喜歡偷偷地照鏡子

就是喜歡當大人

後來

不必努力也變成大人了

媽媽的項鍊 25×32×40

媽媽不在家，今天項鍊我來戴！

不要被說乖

因被貼標籤後付出的成本太大了

必須一直乖下去

不好意思不乖

唇印 28×31×44

很想罵人的時候．．必須忍著

很想搗蛋的時候．．也必須忍著

因為大人說妳很乖⋯⋯

就是要乖⋯⋯⋯⋯

如果
上課是遊戲、教室像電影院
就不會期待放暑假
期待星期天、心就不會跑出去！
很小的時候我就有這見解了！
Show's doll

放暑假 28×20×50

小時候真的覺得做功課很無聊，
還不如看看螞蟻打算把房子蓋在哪裡？
還不如去探索蚯蚓跟蝸牛為什麼沒有腳？
不重要的事記得一籮筐，
功課這檔事啊！
通通忘光光

神氣寶貝 50×27×27

聽說
有好心的小精靈
每當人們入睡後
他們會跑出來
幫人們把沒做完的工作通通做好
只是不知道要去哪裡找！
一覺醒來功課都做好了
一覺醒來世界變得不一樣了

小精靈 155×65×155

媽媽生氣了！

鉛筆盒裡儘是稀奇古怪的收藏

紙牌、彈珠、石頭、

黑松汽水的瓶蓋．．．

只有鉛筆不見蹤跡，

不久連口袋也淪陷了。

彈珠樂 76×60×33

重要文件——紅色成績單

爸爸的臉比成績單還難看

百萬藏書 60×45×36

飆速！

別飆掉前面一車的美食！

三明治、糖葫蘆⋯

一樣都不能少喔！

還有我這個大股東！

飆速 32×14×38

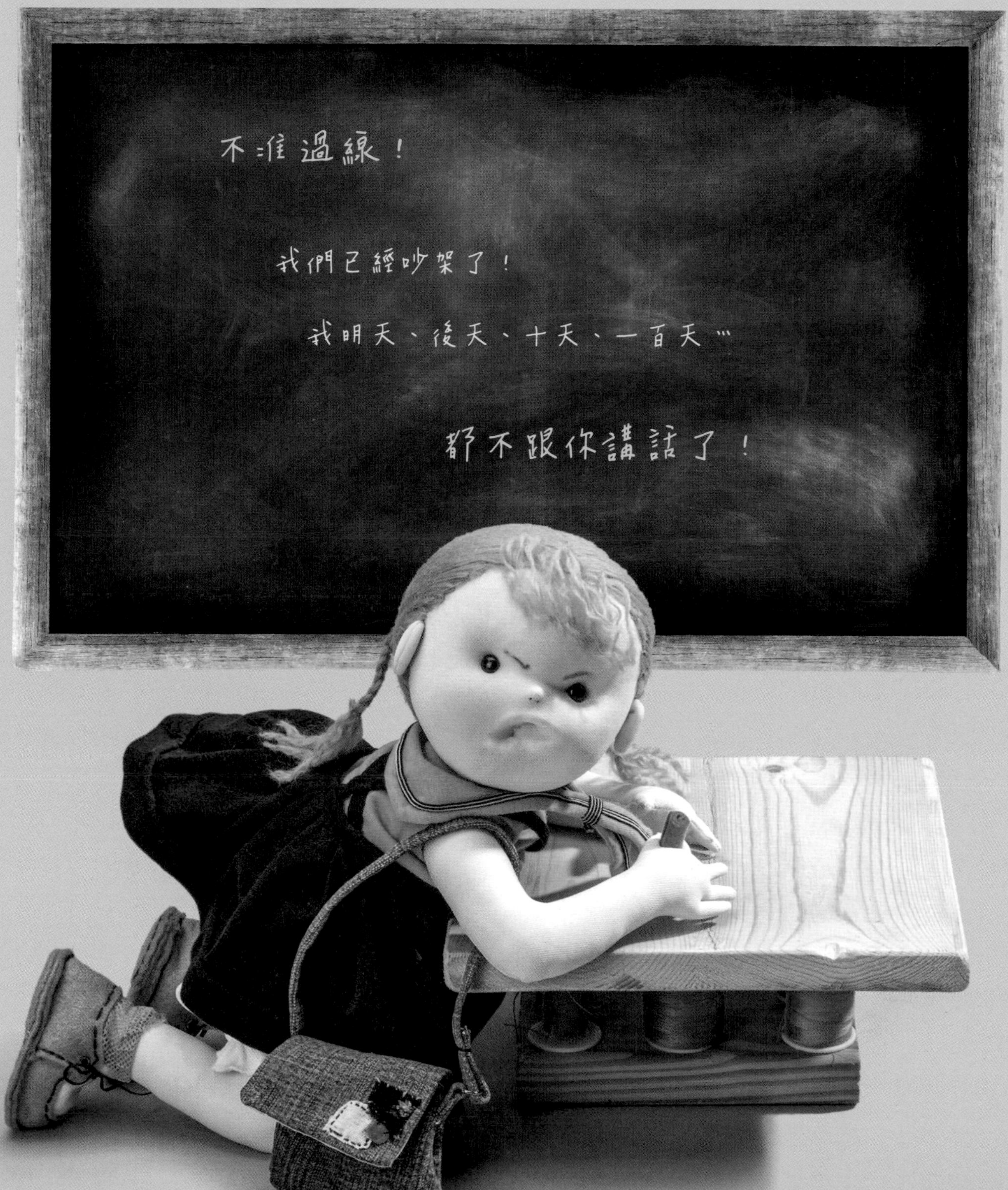
不准過線！
我們已經吵架了！
我明天、後天、十天、一百天…
都不跟你講話了！

不准過線 43×24×36

我都知道

大力士阿明的作文內容寫些什麼

因為他那開雜貨店的阿嬤總是拿他的筆記本來糊成紙袋

嘻！吃完餅乾還可大笑

那被老師評定為「丙上」的內容

但不可否認他有利害的地方！

可精準的抓住每一隻飛來的蚊子呢！

大力士阿明 43×34×40

老師斷定妹妹的勞作

太精緻了

一定是買來的商品

反正都要被罰

何不老實說是姐姐我捉刀的？

想想小時候

還真有「商業頭腦」！

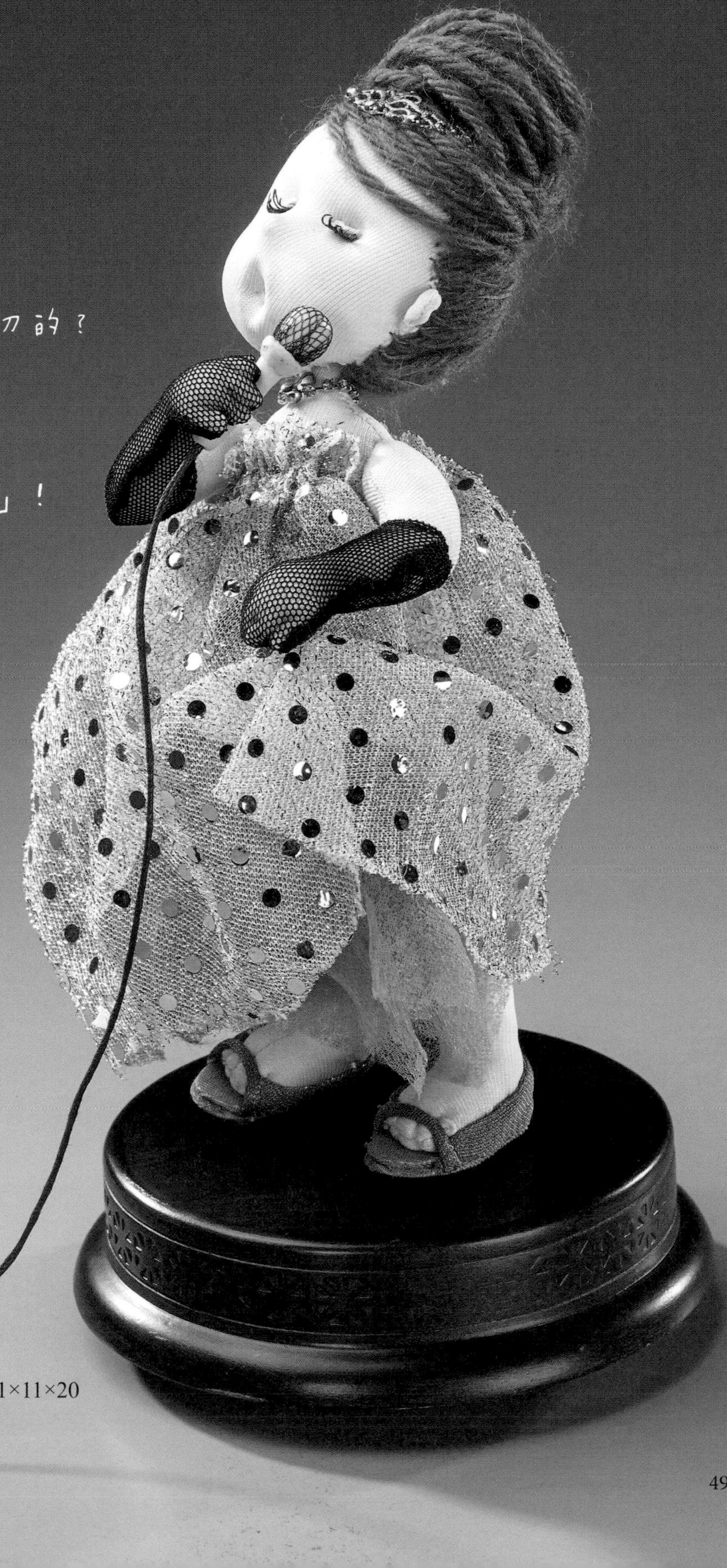

忘情 11×11×20

這場音樂會！

全場鼓掌叫好

……………………………

……觀眾只有我一個

小型音樂會 45×64×31

媽媽！

您只要循著我們美妙的歌聲

就可以找到您想要的用具

鄉下常有送葬的隊伍
踏著整齊的步伐、
賣力的吹打著進行曲
那是小時候
唯一接觸的「大型音樂」
指揮神氣的揮著棒子
好帥！等我長大了要嫁給他！

大型音樂會 155×65×155

幫爸爸工作的男孩更帥!
Making pollin
Advertise your yard sale
Beltway forum focuses on
Health

他說有很重要的事
今天不跟我玩了！
偷偷地喵了一眼、、、
嘩！
認真的男人最帥！

最佳拍檔 90×40×62

別怕！
我不是故意要嚇妳的！
探出頭來
只是因為裡面太悶！

虫虫危機 30×29×30

我是蟲蟲的鐵粉
老姐總是破壞氣氛
每次見面會
都是大哭收場
害得蟲蟲
也覺得自討沒趣

頭再進去一點！

屁股露出來囉！

不要每次都藏在相同的地方啦！

天黑了，休兵吧！

不累嗎？我頭都暈了！

烏鴉呱呱地在打暗號啊！

可惜你們一句也沒聽懂！

躲啊躲！

躲在每一個人的心裡……

躲進記憶的倉庫裡……

——一面從不寂寞的牆——

捉迷藏 120×85×70

躲啊！
腳腳藏好了沒？

嗯！這裡最安全

睡覺的時間到了 45×62×90

25×14×44

25×11×45

當時碟子有仙、筷子有仙

還有會抓小孩的虎姑婆！

聖誕老公公？沒聽過！新來的？

這裡是
我們的秘密花園！

有挖洞的蚯蚓
看得到迷路的蚱蜢！
青蛙唱著沒有歌詞的歌！
蜻蜓專心的練習飛行！

這小小的天地！
充滿了夏天的記憶！
還有我倆間
悄悄的話語！

悄悄話 54×38×50

陪我入夢鄉 31×44×31

陪我入夢鄉

—請放輕腳步！

我們不想被吵醒！

我們要在夢裡呆久一點！

要在草叢花間愉快地追逐！

夢裡有百花齊放、雲雀歡唱！

還有不知名的小蟲、金龜、蝴蝶！

正在跟我們對話呢！

浴缸裡的小世界

那天，孩提時陪伴沐浴的鴨鴨輕輕緩緩地游進埤塘裡

微風輕拂、水波搖曳

我撿拾起失落已久最純真的回憶

鴨鴨再一次進入我的心坎裡。

世事紛擾，鴨鴨依舊安然純靜

不管如何被躁動追逐，它依然悠遊攬鏡自照

多少心靈的創痛都靜靜被撫慰

幸福歡愉慢慢昇華中。

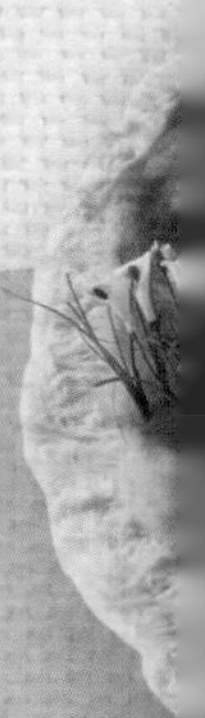

每個大人的心中都有那隻鴨鴨的存在，它不曾真正的消失

它早已游進了你的心裡～不必轉身尋找它在哪裡

它一直和你在一起

愛戀鴨鴨 105×105×50

珍貴的黑白老照片
像日出前
還沒被上色的世界
安靜無雜質

火車的記憶

記憶中的父親常常生病住院，媽媽要去台大醫院照顧他，每當知道媽媽要回來了，幾個小蘿蔔頭就輪流守候著。火車從小黑點慢慢變大，從透出燈光的窗口努力尋找母親，再目送火車變成一個小黑點離去。

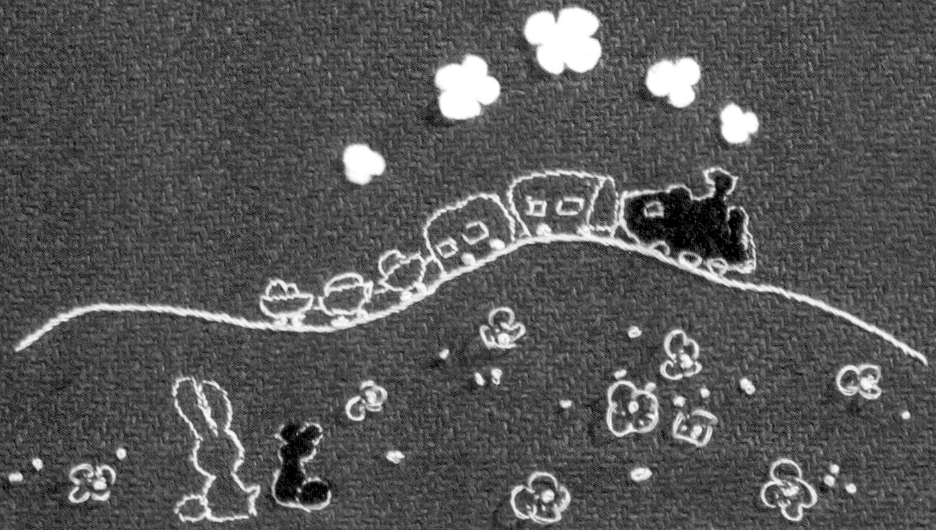

火車的記憶 30×40

每一個小小的回憶

都像是一朵小花

在人生的花園裡

芬芳

愛的故事 63×45×50

娃娃無需言語

只要默默凝視她幾分鐘

你會想要跟她對話

她也會動起來跟你說故事

帶你進入夢的世界！

愛的抱抱 32×20×47

25×38×26

35×16×20

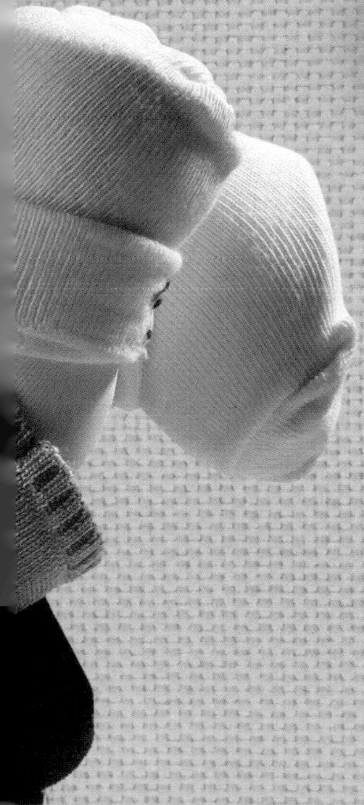

我也在等ㄋㄟ ㄋㄟ

40×20×25

麻麻抱抱！

19×19×35

20×20×30

全家福 90×95×66

早期的作品生澀又不成熟，當時不感覺那是過程，只覺得遇到瓶頸，沮喪很久！但仍然小心地收藏捨不得丟，有一天我似乎聽到躺在櫃中這群不被寵愛的孩子的呼吸聲，彷彿聽到他們在呼喊，好吧！你們一起來吧！就這樣重新組合成這個作品、可能創作需要等待、需要時間吧！

完工的作品經常放置在工作桌上
從各個角度去不斷凝視
數日甚至數月
經常都有新的感觸及想法

依凡 19×18×52

小綠　22×16×54

夢露　20×15×55

涵涵　21×16×57

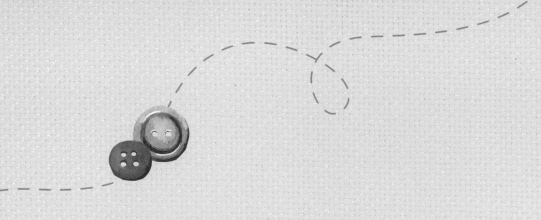

要作者自己去慢慢揣摩觀察
找出最適合表現的手法
過早曝光
旁人表達的看法
會影響作者的判斷因而
失去特色

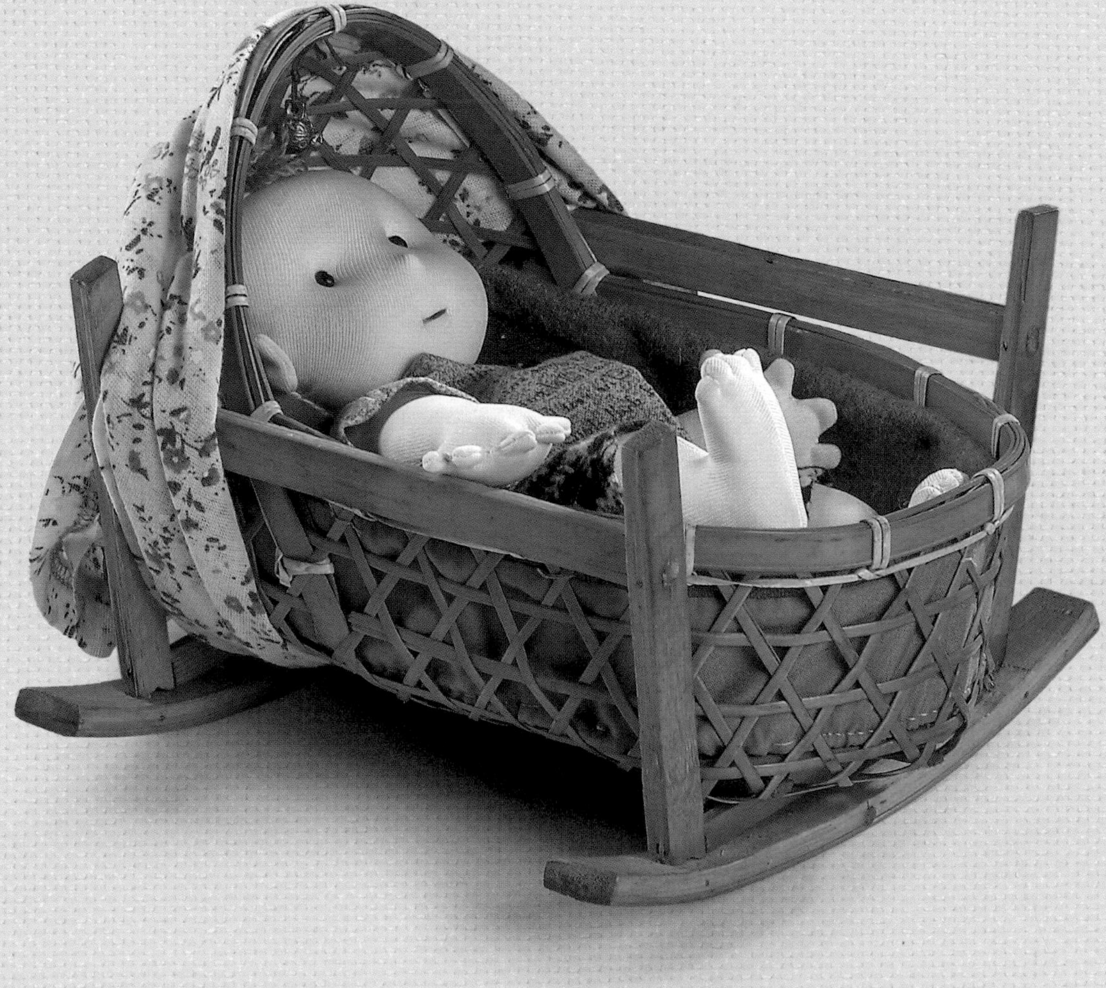

每一個作品
都有他獨特的生命

搖籃曲 50×20×45

一針一線用愛編織

美好的人生故事

老來伴 52×20×45

不必埋藏時光膠囊

記憶已埋下各種形式的時光膠囊

聽到了布娃娃在呢喃嗎？

她總是講述一些古老的故事

那些看似平淡卻是奢華的幸福

即使時光刻下了深深的印痕

針線佇足的過往依然是那般靜好

不管這世界如何繁華、蛻變

布娃娃的呢喃 38×25×45

布娃娃不羨慕

呢喃細語依舊……

後記

一顆沉睡數十年的種子在一個機緣下發芽了，小娃娃穿越了時空翩然再訪、輕輕的敲開我的門。

久違了！我親愛的小娃娃！

即使已近黃昏也要一針一線的補綴空白的數十年，生活的動力是不斷創作的喜悅與感動。

整理成冊後只有知足與感恩，感謝我摯愛的、疼愛我的這個世界一直陪伴著我，感謝周遭每一位分享我創作喜悅的親人、好友、粉絲，讓我的靈感永無匱乏，從懵懂無知到如今已能笑看人生，一路走來雖然孤獨但不寂寞。

娃娃療癒了我、也療癒了別人。

我已賣力地把她們永恆的留在書裡了。

祝福每位讀書平安喜樂！

國家圖書館出版品預行編目 (CIP) 資料

布娃娃的呢喃 / 李淑秀著 . -- 初版 . --
桃園市：李淑秀布娃娃工坊， 2021.07
88面；21x29.7公分
ISBN 978-986-06637-0-9（精裝）

1. 手工藝 2. 布娃娃

426.78 110008370

出版者｜李淑秀
作　者｜李淑秀
E-mail｜ lee3323520@yahoo.com. tw

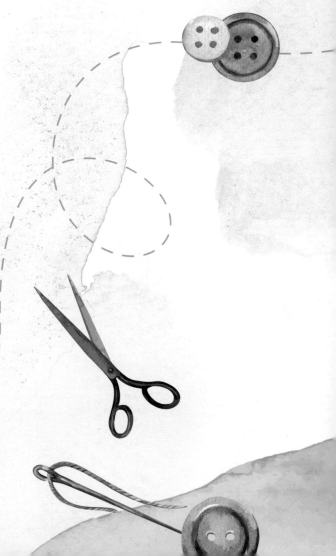

編輯企劃｜呈果美學有限公司
電　　話｜04-24069559
地　　址｜台中市大里區永隆路 83 號
印　　刷｜興臺彩色印刷股份有限公司
電　　話｜04-22871181
地　　址｜台中市南區忠孝路 64 號
發行日期｜ 2021 年 8 月

ISBN 978-986-06637-0-9（精裝）
CIP 426.78110008370
定價｜ 1200 元

【版權所有未經許可不得刊印或轉載】

ISBN 978-986-06637-0-9
9 789860 663709 NT$1200

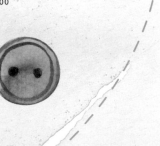